# 精彩内容

　　这是一本可以让孩子们脑洞大开的数学图画书，在美国受到广大家长的热烈追捧。书中包含了12个奇思妙想的数学问题，引导孩子们通过重量、体积、距离等问题来了解这些搞笑问题背后的数学知识。我们可以通过书中的各种数学问题了解美国孩子们的思维逻辑习惯，以及美国的数学专家们是如何为孩子们解答这类天马行空的问题。并且，为了给中国孩子们提供这份原汁原味的美国读物，我们并未将书中的货币单位、度量单位做任何本土化的改动，而是在图书的最后附上了"美制 - 公制"度量单位转换表，便于加强孩子们对不同国家度量单位的理解与学习。所有的这些内容，都能使孩子们增长见识和拓展视野，鼓励他们拥有独立思考的精神，并为他们打开了一扇通往神奇数学世界的大门！

# 神奇的数字

[美]迈克尔·J.罗森 著

[美]茉莉亚·巴顿 绘

刘小群 译

北京联合出版公司
Beijing United Publishing Co.,Ltd.

图书在版编目 (CIP) 数据

神奇的数字 / (美) 迈克尔 ·J. 罗森著 ; (美) 茱
莉亚 · 巴顿绘 ; 刘小群译 . -- 北京 : 北京联合出版公
司 , 2018.3
ISBN 978-7-5596-0135-3

I. ①神… II. ①迈… ②茱… ③刘… III. ①数学 -
青少年读物 IV. ①O1-49

中国版本图书馆 CIP 数据核字 (2018) 第 030810 号

北京市版权局著作权合同登记号：图字 01-2018-0815 号
Michael J. Rosen (Author) Julia Patton (Illustrator):
Mind-Boggling Numbers
Copyright © by Lerner Publishing Group, Inc.

神奇的数字

作　　者：(美) 迈克尔 · J. 罗森
插　　图：(美) 茱莉亚 · 巴顿
译　　者：刘小群
特约监制：高继书
出版统筹：谭燕春
责任编辑：杨　青　高霁月
特约编辑：黄　媛
装帧设计：柒　慕

北京联合出版公司
(北京市西城区德外大街 83 号楼 9 层　100088 )
北京联合天畅发行公司发行
北京彩和坊印刷有限公司印刷　新华书店经销
10 千字 889 毫米 ×1194 毫米 1/12 2.75 印张
2018 年 3 月第 1 版　2018 年 3 月第 1 次印刷
ISBN　978-7-5596-0135-3
定价：59.00 元

# 来自数学家玛丽女士的问候！

亲爱的读者：

这本书给我带来数不尽的快乐！如果用数字表示，我的快乐程度可能是94.6%！如果用重量表示，我的快乐可能接近一吨 —— 2000磅！如果用体积表示，我的快乐甚至可能是1001加仑！

从我小时候起，每当别人遇到有关计算的事情，我的朋友们，包括那些大人们都会说："哦，把这个数学问题交给玛丽吧。"很快，我的昵称就变成了"数学小神童玛丽女士"。直到今天，我成为了一名解决神奇数学问题的专家。那么，你手中的这本书讲述了哪些故事呢？它讲述了十几个非常有趣的故事，它们全部源于美国23亿英亩的广袤土地。

为了帮助你理解这些令人惊叹的数字，你会发现我可能会拿"你"来做几次比较。我知道，读者的外表和身高千差万别，但我会假设你恰好有4英尺高，你的体重约为60磅，在20分钟内可以行走1英里。所有这些都只是一些平均数，但你很快就会发现，它们有助于帮助我们理解一些真正棘手的问题。

（"公制换算怎么办呢？"你可能会问。或者，至少有一位忠实的读者必然会提出这样的问题！在本书的末尾，你可以找到这些换算。）

现在，让我们开启数学之旅吧！

—— 数学家玛丽女士

尊敬的数学家玛丽女士：

如果我想要一个可以装一百万便士的小猪存钱罐，这个存钱罐会有多大？

——来自俄亥俄州的超级省钱王桑达斯基

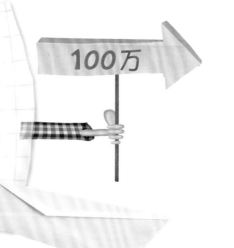

…… 小猪存钱罐

**答：** 如果把所有这些硬币装入一个小猪存钱罐，这个存钱罐就会像一头大象一样庞大！如果把你的100万个便士加在一起，它们是10000美元。

想象一下，一个 1 加仑的小猪存钱罐有多大？它相当于一个塑料牛奶罐的大小。1 加仑的存钱罐可以装下 5136 个便士，这意味着你需要 195 个小猪存钱罐来储存你的一百万个便士。所以，真的，你会看到一个摆满小猪存钱罐的大猪圈。

如果你要搬动它们，你必须费九牛二虎之力。这些硬币将会重达 6240 磅！这是一头非洲小象的重量。或者相当于 12 头重达 500 磅的约克猪——这种猪是世界上最重的猪之一。

总之，千万别小瞧你的 100 万便士！

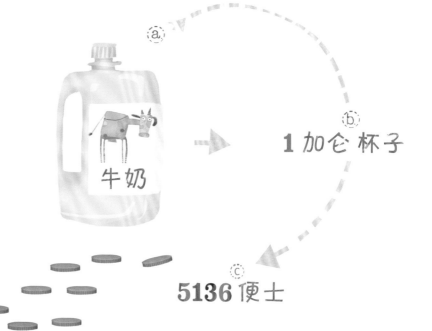

ⓐ

牛奶

ⓑ **1 加仑 杯子**

ⓒ **5136 便士**

阿嚏

呼噜~
呼噜~

尊敬的数学家玛丽女士：

我看到这样一幅漫画：一群麻雀正带着一条毯子飞上天空。如果我躺在毯子上，毯子还能飞起来吗？需要多少只麻雀才能把我送上天空呢？

——来自加利福尼亚州阿纳海姆市的小懒虫

叽叽喳！

麻雀 → 0.6盎司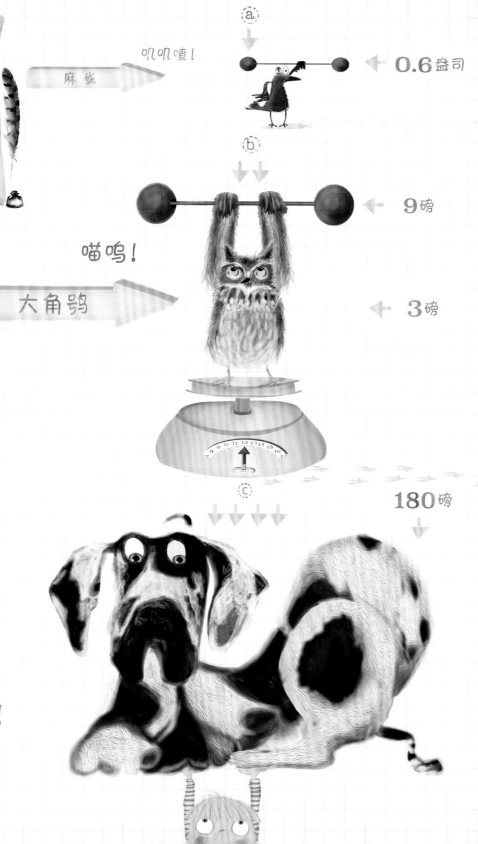

喵呜！

大角鸮 → 9磅

→ 3磅

**答**：首先，你最好和当地的麻雀群搞好关系。如果你和你的毯子一共有 60 磅重，需要 1600 只麻雀才能把你送上天空。你的飞行团队中的每一个成员只能驮动 0.6 盎司的重量。这相当于 3 个 25 美分硬币的重量。

这需要一个庞大的鸟群。也许你应该考虑一种力量更大的飞禽？试试大角鸮（xiāo）？这种鸟重 3 磅，可以驮起自身三倍的重量：9 磅！所以，现在只需要 7 只大角鸮就可以组成你的飞行小队。

想想看，不是吗？如果你有 60 磅重，而且你和大角鸮一样有力，那么你就可以举起 180 磅的重物。这就像举起一只成年大丹狗！

180磅

汪汪！

大丹狗

6

7

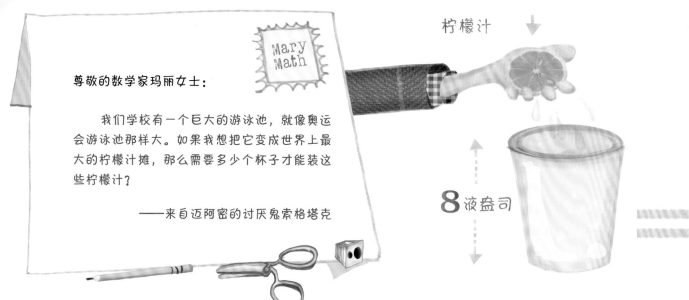

尊敬的数学家玛丽女士：

我们学校有一个巨大的游泳池，就像奥运会游泳池那样大。如果我想把它变成世界上最大的柠檬汁摊，那么需要多少个杯子才能装这些柠檬汁？

——来自迈阿密的讨厌鬼索格塔克

柠檬汁

8 液盎司 = 8 液盎司

牛奶

1050 万

玻璃杯

**答：** 如果你的游泳池和奥运会游泳池一样大，那么它可以装入660000 加仑的柠檬汁。如果每个玻璃杯的容量是 8 液盎司，需要1050 万个玻璃杯才能装完一游泳池的柠檬汁。每个杯子的容量大约等于自助餐厅内一个牛奶盒的容量。

为了感受这些液体到底有多少，让我们来看看需要多少东西才能填满这个游泳池。首先假设你所在的学校有 600 名学生。在上课的第一天，每名学生将98 盒柠檬汁倒入空泳池中。在一整个学年中，每名学生每天需要向游泳池倒入98 盒柠檬汁。

在学年的最后一天 —— 179 个学校上课日之后 —— 你的游泳池才会被装满。当暑假来临时 —— 当大家都渴望喝上一杯冰镇柠檬汁时 —— 这个游泳池恰好装满一池热乎乎的古老柠檬汁。

滋滋！

奥运会
游泳池

9

尊敬的数学家玛丽女士:

我们班上一共有 20 个孩子,所有人都喜爱蓝鲸。有时候,我们会在学校 1 英里外的海湾中看到它们的身影。我想知道:如果让这些庞然大物在海湾和我们学校之间一字排开,就像我们在课间休息时那样,一共会有多少头蓝鲸呢?

——来自加利福尼亚州的快乐小磷虾

数学家玛丽女士

另:我收到了你信中所附号码,

100,WJV26575

我们学校

1 头蓝鲸 ═ 20 个孩子

**答:** 现在,我们先不去考虑如何才能让蓝鲸排队的问题(邀请它们去你的餐厅吃磷虾自助餐?)。我们来看看,蓝鲸究竟有多庞大呢?它们是地球上现存的最大生物,平均 80 英尺长。如果你们班的所有 20 名学生(记住,你们平均 4 英尺高)以头脚相连的方式躺在地板上,你们的总长正好等于 1 头蓝鲸的长度。

由于你们的学校在 1 英里之外——相当于 5280 英尺——除以 1 头蓝鲸的长度 80 英尺,答案就揭晓了:在学校和海岸线之间,可以排列 66 头蓝鲸。如果你在想,假如让 4 英尺高的小学生以头脚相连的方式排成同样的长度,需要多少名小学生呢?答案是 1320 名小学生(66 头蓝鲸乘以 20 名小学生,因为 20 名小学生等于 1 头 80 英尺长的蓝鲸)。

尊敬的数学家玛丽女士：

　　我今年夏天有一些空余时间，如果我想给地球上的每一个人送一张生日卡片，我需要多久才能完成卡片上的签名呢？

　　　　　　　　　　　　——来自佛罗里达州格罗夫兰的地滚球

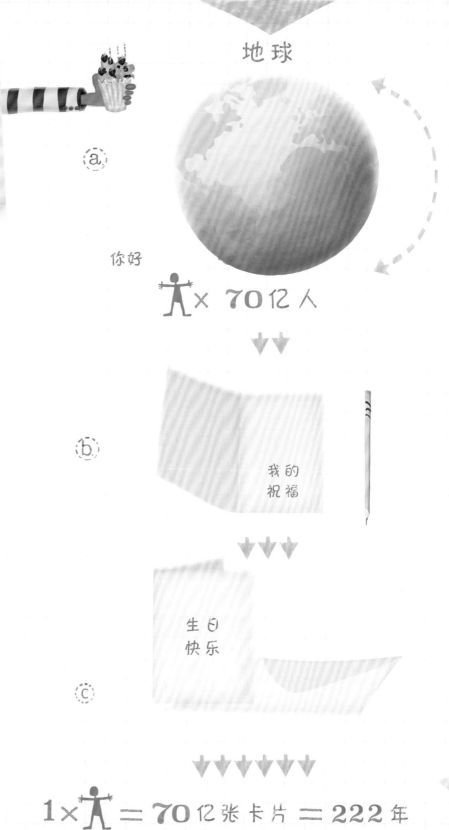

　　**答：** 这是一个美好的想法。不过有一个问题：你的任务不可能完成。猜猜看，为每一张卡片签名需要花费你多长时间？你的整个夏天？几年？实际上，需要好几个世纪呢！

　　地球家园中生活着 70 多亿人。因此，让我们想象一下，你为每一张卡片签名需要花 1 秒钟。如果签署 700 万张，你就需要 700 万秒。将秒转换为分钟，把分钟转换成小时，再把小时转换成天数，你将需要 81 天才能完成签名！这大概等于你的整个暑假。对了，除了签名之外，你还不能睡觉、不能休息、不吃不喝、不能骑自行车、不能游泳，不能做任何其他事情。

　　然后，还有 6993000000 张卡片等着你签名呢！因此，如果在 700 万张卡片上签名需要 81 天，那么为 70 亿张卡片签名将需要大约 222 年。

　　也许你可以找 10 个朋友帮忙。不过，你的 11 人团队仍然需要花费 20 年才能完成你的全球生日祝福计划！

尊敬的数学家玛丽女士：

我们"曼西市飞蛾"童子军正在参观黄石国家公园，因为我们听说灰熊特别喜欢飞蛾！我们一共有 15 个人，将会穿上超酷的飞蛾服。我从一本书上看到，一只灰熊一天可以吃掉 40000 只飞蛾！万一遇到一只灰熊，我们打算给它准备一顿飞蛾大餐，这样我们就可以吸引它，然后逃跑。我们需要多久才能收集 40000 只飞蛾呢？

——来自印第安纳州曼西市的圆肚子蝴蝶

一天吃
40000只

嗝！

飞蛾

1 英里

人类 ＝ 3 分 43 秒
灰熊 ＝ 2 分钟

**答：** 这是真的。灰熊需要进食大量的飞蛾（和其他美味），以便为漫长的冬天储存脂肪。灰熊会挖开布满岩石的山坡，在土壤中搜寻飞蛾。假如你们 15 个童子军每人每分钟可以挖获 10 只飞蛾，你们一共可以挖到 150 只飞蛾。这只够灰熊吃一口！因此，如果为灰熊提供 40000 只飞蛾，你们需要花费 267 分钟去挖掘飞蛾。你们的挖掘时间将超过 4 个小时！如果你们童子军小队开了一家灰熊餐馆，灰熊会认为你们的上菜速度太慢了！

更糟糕的是，灰熊不仅体形巨大，而且行动非常敏捷。即使你们全速奔跑的速度可以达到人类的最快速度记录，你们也需要 3 分 43 秒才能跑完 1 英里。而灰熊的速度几乎是你们速度的两倍！它只需要 2 分钟就能跑完 1 英里！

如果你们遇到一只灰熊，我想，最好的办法是：在你们的飞蛾服上安装喷气背包。灰熊们并不擅长飞行。

挖掘超过
4个小时

挖
挖挖

黄石国家公园

飞蛾 →

美味极了

**7英里/小时**

**30 英里/小时**

**485 英里/小时**

尊敬的数学家玛丽女士：

　　我的哥哥刚刚获得商务飞行员执照。我们家离学校 3 英里远。如果他开飞机送我去上学，我们要过多久到达学校呢？

——来自俄亥俄州代顿的奥维尔

**答：** 恭喜你哥哥！一架波音 737 客机的巡航速度是每小时485 英里。如果你离学校仅 3 英里，这架飞机可以在短短的 22 秒内抵达学校！如果你们俩已经登机，真正的麻烦是，你们的飞机需要一条至少 9000 英尺长的跑道才能起飞，还需要一条至少 7500 英尺长的跑道降落。

　　因此，如果你们家的车道可以用作飞机的起飞跑道，而学校也正好有大小合适的着陆跑道 —— 那么，把这两条跑道加起来，它们的长度正好等于 3 英里！所以，这架飞机的轮子还没有离地就需要降落。

　　但更大的问题是，对于一架可容纳 149 人的飞机来说，如果只运送一位乘客，燃料效率太低了。在起飞时，一架满载的波音737 会在一分钟内燃烧近 200 加仑的汽油。一辆燃料效率高的汽车每加仑汽油可行驶 30 英里。

　　因此，最好让你哥哥的客机载你去度假胜地吧。有更高效的方法上学吗？乘公共汽车——或者更好的方法是，骑自行车！

家    ⟵ - - - - 3 英里 - - - - ⟶    学校

尊敬的数学家玛丽女士，

有比蚯蚓更令人恶心的动物吗？我知道答案：没有！我的辅导老师说，我们学校周围1平方英里的草坪上有1000000条蚯蚓。因此，如果我们去草坪上野炊，我们4平方英尺大小的野炊毯下方会有多少条蠕动的蚯蚓？

——来自爱荷达州的恐怖蚯蚓

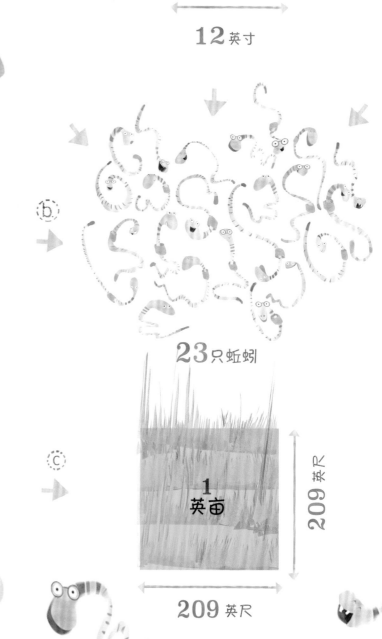

**答：**你不会喜欢关于这些低等生物的一些结论。如果一英亩土地上有一百万条蚯蚓，你所在的野炊区会有370条蚯蚓。以下是你的计算方式。

为了计算这个问题，我们假设每个人的饭盒是正方形的——每侧长度为12英寸。1英亩大小的标准正方形的边长等于208.71英尺。因此，大约需要43560只饭盒才能铺满1英亩地面，即209行，每行209只饭盒。

因此，如果一百万条蚯蚓均匀分布在43560只饭盒下方的土壤中，你会发现，每只饭盒下面会有23条绕成一团的蚯蚓（是的，它们会绕成一团）。不过，蚯蚓可能有自己喜爱的居所，所以你所在区域的蚯蚓数目可能会少于23条……也可能会多于23条。你的野餐毯的面积相当于16只饭盒，因此16只饭盒乘以23条蚯蚓，你就会得到……一块野餐毯下方有368条蚯蚓（如果你要把你吃下去的野餐吐出来，我们都会把目光移开）！

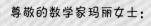

尊敬的数学家玛丽女士：

　　我的吉娃娃"二号"讨厌跳蚤。但跳蚤超喜欢它！我听说跳蚤是令人惊叹的跳高运动员。我要把我的二号放在多高的地方才能躲开那些烦人的跳蚤？

——来自田纳西州孟菲斯的跳蚤受害者

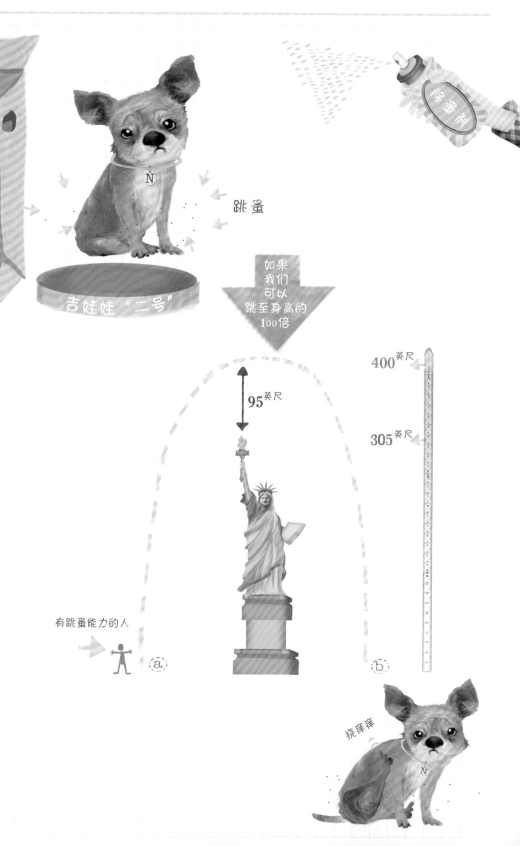

跳蚤

吉娃娃"二号"

如果我们可以跳至身高的100倍

95英尺

400英尺

305英尺

有跳蚤能力的人 ⓐ

ⓑ

挠痒痒

　　**答：**跳蚤跳跃的高度大约是它身体长度的 100 倍。如果你能跳至自己身高 100 倍的高度，你会在空中飞行 400 英尺。这是多高呢？你可以轻松跨越整个自由女神像——而且还有 95 英尺高的空隙！

　　事实上，人类最棒的跳高选手也不能跳离地面超过 50 或 60 英寸。这样的高度甚至低于一个人站立时的身高！

　　一只跳蚤只有 0.06 英寸长。如果将 17 只跳蚤排列在一起——相信我，它们不喜欢排队——你会创造一个只有 1 英寸长的痒痒机。尽管如此，每只跳蚤可以跳跃大约 6 英寸高。因此，你的二号只有在你膝盖以上的位置才能享受无跳蚤区。

地球

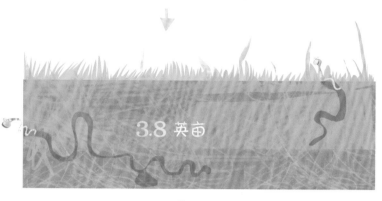

70 亿人

4150 万平方英里

3.8 英亩

每人

尊敬的数学家玛丽女士：

　　如果地球上的每个人都拥有一块同样大小的草坪，我要多久才能割完自己草坪上的草？

——来自得克萨斯州
阿比林市的
怕割草的小懒虫

**答：** 要回答这个问题，我们需要知道地球上有多少地区适合人类居住。你愿意居住在只有雪人出没的白雪皑皑的山顶上吗？你愿意居住在只有骆驼不介意的高温的炎热沙漠里吗？居住在水下怎么样？不可能。如果把这些不宜居住的大约 1600 万平方英里的区域从地球上去除，剩下的才是可供我们分配的土地。

　　因此，我们只有 4150 万平方英里相对舒适的土地分给地球上的 70 亿人。如果平分这些适宜居住的土地，我们每人可拥有一块 165279 平方英尺的土地。

　　这块土地到底有多大？这是一块大约 3.8 英亩的土地。如果 1 英亩的土地是一个完美的正方形，它的边长等于 208.7 英尺。如果你的割草机每次可以割一条 2 英尺宽的小路，大约需要割出 104 条小路才能完全割完你的草坪。你行走和割草的长度等于 21632 英尺。每英亩草坪你需要花费 1.37 小时才能完成割草，而你拥有的草坪面积是 3.8 英亩！因此，1.37 小时乘以 3.8 英亩……你需要 5 个多小时才能完成割草（嘿，如果你的收费标准是 10 美元/ 小时，你为邻居割草可以赚 50 美元）！

呜汪！

你好

突突突

割草5小时 ×
10美金/小时=50美金

噗噗噗

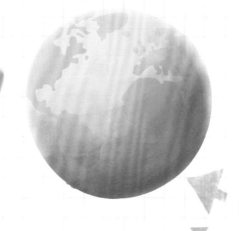

地球

尊敬的数学家玛丽女士：

如果地球和月亮之间有一条登月路，我需要多长时间才能爬完这条路？

——来自新墨西哥州拉斯克鲁塞斯市的月亮迷

**答：** 我们假设真有这样一条路。在地球上，这条路的路标会是这样的：月球 238900 英里。

为了简单起见，我们假设你在这趟旅程中不休息、不吃饭、不打盹儿，也不会停下来泡泡酸痛的双脚，或者也不担心氧气、酷寒、重力、大气或任何其他与生命或死亡相关的细节问题。尽管这种简化是异想天开，但我们仍然假设你每 20 分钟行走 1 英里，每天可以行走 72 英里，你在一年内可以抵达月球吗？不可能！

你在一年之中走完的路程只有 26280 英里。

那么，这趟远足需要多久才能完成？如果你在自己 12 岁生日的早上开始你的旅程，你需要大约 9 年的艰苦跋涉才能抵达月球，然后在月球上庆祝你 21 岁生日的到来。嘿，到那时，你不再是一个孩子或者十几岁的少年！当你返回地球时，你将是一个真正的成人（你正在回家，不是吗）！又经过 9 年的徒步旅行，你将准备举行你迟来的 30 岁生日派对。当然，生活的确是一趟旅行！

ⓐ 1 英里＝20 分钟

ⓑ 72 英里＝1 天

ⓒ 26280 英里＝1 年

ⓓ 一趟旅行总共需要9年

月球

月球

238900

英里

尊敬的数学家玛丽女士：

下雨的时候，我身上会被淋湿——太令人讨厌了！那些小生命，例如蚊子，会怎么样呢？雨滴会把它们砸扁吗？

——来自洛杉矶新奥尔良的小飞机

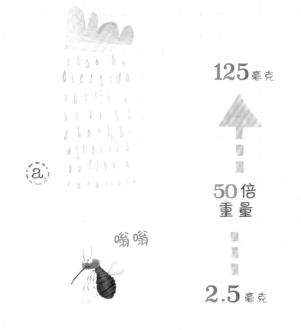

**答：** 你会担心这些令人讨厌的昆虫，真是一个有爱心的孩子。不过，如果你想奉献你的爱心，你应该找一些更可怜的小动物来担心，让它们感受你的爱。

每只蚊子重 2.5 毫克（使用公制作为微小重量的单位比使用美国传统单位更方便）。一只蚊子的重量即使在一个非常小的天平上几乎也无法显示，因此，我们不能使用盎司。400 只蚊子的重量才等于 1 克（这相当于一只回形针的重量）。

现在，一个典型雨滴的重量为 125 毫克，是一只蚊子重量的 50 多倍。如果是你体重 50 倍的水泼溅到地上会怎样呢？让我们算一算，如果你的体重是 60 磅，你体重的 50 倍是 3000磅！想象一下，如果被一个重达十架钢琴重量的水滴砸中会是什么结果？

蚊子不仅身体轻盈，身体上还覆盖着一层结实而灵活的外壳，这层外壳被称为外骨骼。因此，如果一只蚊子想搭便车——它完全可以在雨滴上冲浪——在撞上地面之前安然无恙地离开雨滴。

不过，你和蚊子不一样……如果你看到那些钢琴大小的雨滴，赶快躲起来吧！

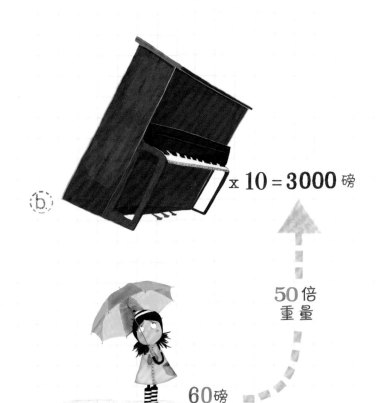

x 10 = 3000 磅

# 算一算！

## 100 万便士（第 4-5 页）

如果每个小猪存钱罐的容量是 1 加仑，每个存钱罐可以装 5136 个便士（这些硬币差不多都是我找到的，扔进了一个 1 加仑大小的牛奶罐）。如果将 100 万便士分别装进 1 加仑大的存钱罐中，你会发现你需要 195 个小猪存钱罐才能装完所有的便士。因此，1000000 便士 ÷ 5136 便士 / 存钱罐 ≈ 195 个存钱罐。

那么，你为什么会觉得自己的存钱罐太重了？ 1 便士的重量是 1 盎司的十分之一。因此，10 便士一共是 1 盎司。因为 1 磅是 16 盎司，160 便士是 1 磅。5136 便士 ÷ 160 便士 / 磅 ≈ 32 磅。因此，一个装满便士的小猪存钱罐重达 32 磅。现在，再用小猪存钱罐的数量乘以 32 磅，你会得到你攒下来的便士的总重量。32 磅 ×195 个小猪存钱罐 = 6240 磅。这相当于一头非洲象，因为非洲象的体重在 5000 到 14000 磅之间。

再来看看，多少头约克猪的重量等于你的 100 万便士的重量？ 6240 磅 ÷ 500 磅 / 头猪 ≈ 12 头猪。这相当于 12 头约克猪大小的存钱罐。

## 飞毯 （第 6-7 页）

首先这样计算：60 磅（你的体重）× 16（1 磅的盎司数）= 960 盎司，这是以盎司为单位的你的体重。接下来，960 盎司 ÷ 0.6 盎司（每只麻雀能托起的重量）= 1600，这是你需要的麻雀飞行员的数量。

如果你使用"大角鸮飞行队"：60 磅（你的体重）÷ 9 磅（每只大角鸮能托起的重量）≈ 6.667，约等于 7 只大角鸮！

假如你有大角鸮的力量，是否可以举起一只大丹狗？60 磅（你的体重）×3=180 磅，这大约是一只大丹狗的体重。

## 全球最大的柠檬汁摊 （第 8-9 页）

一个奥运会规模游泳池的大小是 164 英尺长、82 英尺宽、6.6 英尺深。将这三个数相乘，你会发现它的容积是 88757 立方英尺。1 立方英尺相当于 7.48 加仑，那么 88757 立方英尺 × 7.48 加仑 / 立方英尺 = 663902 加仑，或约等于 660000 加仑的水。1 加仑等于 128 液 盎司 / 加仑。因此，660000 加仑 × 128 液盎司 = 84480000 液盎司。一盒柠檬汁可装满 1 杯或相当于 8 液盎司。装满泳池需要的盒装柠檬汁的数量为：84480000 液盎司 ÷ 8 液盎司 = 10560000 盒。

那么，如何才能算出你需要一整年才能装满这个游泳池？10560000 盒 ÷ 600 名学生 = 17600 盒 / 学生。如果你的一个学年是 180 天，你每天需要倒入游泳池的柠檬汁的盒数为：17600 盒 ÷ 180 天 ≈ 98 盒 / 天（实际答案是 97.8 盒，四舍五入之后是 98 盒，因为每盒都会残留几滴柠檬汁）。

## 蓝鲸（第 10-11 页）

丝毫不用怀疑这个距离问题。80 英尺（蓝鲸的平均长度）÷ 4 英尺（学生的平均高度）= 20。因此，20 名学生以头脚相连的方式平躺，其长度正好等于 1 头蓝鲸。

5280 英尺（1 英里的长度）÷80 英尺（蓝鲸的长度）= 66。所以，66 头蓝鲸可首尾相连排成一队，从海岸线一直延伸至你们的学校。同样，5280 英尺（即 1 英里）÷4 英尺（学生的平均身高）= 1320 个孩子。让这些孩子头脚相连平躺，他们的长度等于 1 英里。或者，你可以将 20 个学生（相当于 1 头蓝鲸的长度）×66 头蓝鲸长度 =1320 个学生。

## 生日卡片（第12-13页）

如果你每秒钟签署一张生日卡片，签署700万张生日卡片将需要7000000秒。将秒转换成天，7000000秒÷60秒/分钟≈116666.67分钟，然后116666.67分钟÷60分钟/小时≈1944.44小时，接下来1944.44小时÷24小时/天≈81.02天，因此你需要81.02天才能签完700万张生日卡片。

因为70亿是700万的1000倍，签署70亿张卡片需要的时间为：81.02天×1000＝81020天。这相当于多少年？81020天÷365（1年的天数）≈221.97年，约等于222年。

如果11名生日祝福者共同完成这项工作，他们需要多久才能完成？222年÷11≈20.18年。

## 享受飞蛾的大灰熊（第14-15页）

假设每个童子军每分钟可以挖到10只飞蛾，乘以童子军的数量，就会得到你所在童子军小队挖掘飞蛾的速度：15个童子军×10只飞蛾/分钟＝150只飞蛾/分钟。为了算出挖掘40000只飞蛾需要多长时间，你需要用40000除以你的童子军小队的每分钟挖掘速度：40000只飞蛾÷150只飞蛾/分钟≈267分钟。你需要的挖掘时间为：267分钟÷60分钟/小时＝4.45小时。

## 飞往学校（第16-17页）

乘坐一架时速485英里的客机飞行1英里需要多久？485英里/小时×5280英尺（1英里）＝2560800英尺/小时。然后，2560800英尺÷60分钟＝42680英尺/分钟。接下来，42680英尺÷60秒≈711.3英尺/秒。因为1英里等于5280英尺，所以飞行1英里需要的时间为：5280英尺÷711.3英尺/秒≈7.42秒。如果你距离学校3英里？那就是3×7.42秒＝22.3秒。

但你会在起飞和着陆距离上遇到麻烦，9000英尺的起飞距离+7500英尺的着陆距离＝16500英尺。从家到学校3英里×5280英尺（即1英里）＝15840英尺，这个长度短于起飞和着陆距离的总长度。

## 蠕动的蚯蚓（第18-19页）

如果1英亩土地是一个完美的正方形，它的四个边长将是208.71英尺，它覆盖的面积可以这样计算：208.71英尺×208.71英尺≈43560平方英尺。换句话说，1英亩包含43560个边长为1英尺的正方形。

蚯蚓的数量取决于土壤类型、季节、品种和可获得的食物。1英亩土地上有100万条蚯蚓说明这里的土壤条件相当不错。1000000条蚯蚓÷43560个饭盒（或平方英尺）≈23条蚯蚓/平方英尺。你的野餐毯是多少平方英尺？4英尺×4英尺＝16平方英尺。因此，23条蚯蚓/平方英尺×16平方英尺＝368条蚯蚓。

### 讨厌的跳蚤（第20-21页）

如果你跳起的高度是你身高（假设为4英尺）的100倍，这样的高度为：100×4英尺 = 400英尺。自由女神雕像从基座到火炬的高度大约为305英尺，因此你可以轻松跃过这座雕像——还余95英尺的空隙。

一只跳蚤的长度为0.06英寸，所以17只跳蚤排列在一起的长度是1英寸（1英寸÷0.06英寸≈16.67，约等于17只跳蚤）。如果跳蚤跳跃的高度是自己身长的100倍，你可以轻易算出它的跳跃高度：100×0.06英寸 = 6英寸。

### 修剪草坪（第22-23页）

41500000平方英里÷70亿地球人≈0.00592857143平方英里/人。你分得的土地面积为：0.00592857143平方英里×27878400（每平方英里的平方英尺数）≈165279平方英尺。如果1英亩等于43560平方英尺，那么165279平方英尺÷43560平方英尺≈3.8英亩。

设想每英亩的土地是一个完美的正方形，每一边约为208英尺长。如果你的割草机刀片为2英尺宽，你一次可以割出两行1英尺宽的小路。因此，208英尺÷2=104行。对于1英亩来说，104行×208英尺/行=21632英尺。正如前文提到的，你可能需要在20分钟内行走1英里（等于5280英尺）。你一小时内行走的距离为：5280英尺×3=15840英尺。你割草的距离21632英尺÷15840英尺/小时≈1.37小时。干得不错！

哦，等等，你有3.8亩的草坪！所以你不是只需要完成104行割草任务，而是3.8 × 104 = 395行。你需要行走的总距离为：395行 × 208英尺/行 = 82160英尺。现在，我们看看你需要多久完成割草任务：82160英尺÷15840英尺/小时（你的行走速度）≈5.18小时。因此，你大约需要5个小时。你可以挣到的钱为：5个小时×10美元/小时 = 50美元。

### 登月（第24-25页）

如果你能在20分钟内行走1英里，你可以在60分钟内（即1个小时）行走3英里。你在24小时内行走的距离为：3英里×24小时/天 = 72英里。你在一年内的行走距离：72英里/天×365天/年 = 26280英里。

从地球步行前往月球需要的时间为：238900英里（地球到月球之间的平均距离）÷ 26280英里（1年内行走的距离）≈ 9.09年。因此，你需要9年多才能完成这趟太空之旅。如果你在12岁时出发，9年 +12年 = 21年 —— 你将在21岁生日之后到达月球。当你返回地球时，你的岁数为：21年 +9年 =30岁。

### 湿透的蚊子（第26-27页）

我们来看看多少只蚊子的重量会达到1克（1000毫克）：1000毫克÷2.5毫克（1只蚊子的重量）=400只蚊子。

1盎司约等于28349.5毫克，多少只蚊子的重量是1盎司？

28349.5毫克÷2.5毫克（1只蚊子的重量）≈11340只蚊子。

一个典型雨滴的重量为125毫克。125毫克÷2.5毫克 =50。因此，一个雨滴的重量是一只蚊子重量的50倍。

如果你是一个60磅重的孩子，你的体重的50倍是：60磅×50 = 3000磅！知道这有多重吗？一架小型立式钢琴（如图）重量约为300磅，因此，3000磅÷300磅 =10架钢琴！

# 度量转换

## 质量（重量）

| 美制 | 公制 |
|---|---|
| 0.1 盎司 | 2.84 克 |
| 0.6 盎司 | 17 克 |
| 1 盎司（= 28349.5 毫克） | 28.35 克 |
| 1磅（=16盎司） | 0.45 千克 |
| 3 磅 | 1.36 千克 |
| 9 磅 | 4.08 千克 |
| 32 磅 | 14.5 千克 |
| 60磅（=960 盎司） | 27.22 千克 |
| 180 磅 | 81.65 千克 |
| 300 磅 | 136.1 千克 |
| 500 磅 | 227 千克 |
| 2000 磅 | 907.2 千克 |
| 3000 磅 | 1361 千克 |
| 5000 磅 | 2268 千克 |
| 6240 磅 | 2830 千克 |
| 14000 磅 | 6350 千克 |

## 体积

| 美制 | 公制 |
|---|---|
| 8 液盎司（= 1杯） | 236.6 毫升（=0.24 升） |
| 1加仑（=128 液盎司） | 3.79 升 |
| 7.48 加仑（=1立方英尺） | 28.31 升 |
| 12 加仑 | 45.42 升 |
| 200 加仑 | 757 升 |
| 1001 加仑 | 3789 升 |
| 660000 加仑（=84480000 液盎司） | 2498000 升（=2498 立方米） |
| 88757 立方英尺 | 2513立方米 |

## 长度

| 美制 | 公制 |
|---|---|
| 0.06 英寸 | 1.52 毫米 |
| 1 英寸 | 2.54 厘米 |
| 6 英寸 | 15.24 厘米 |
| 12 英寸（=1 英尺） | 30.48 厘米 |
| 50 英寸 | 127 厘米 |
| 60 英寸 | 152.4 厘米 |
| 2 英尺 | 60.96 厘米 |
| 4 英尺 | 1.22 米 |
| 6.6 英尺 | 2.01 米 |
| 80 英尺 | 24.38 米 |
| 82 英尺 | 25 米 |
| 95 英尺 | 29 米 |
| 164 英尺 | 50 米 |
| 208 英尺 | 63.4 米 |
| 208.7 英尺 | 63.61 米 |
| 305 英尺 | 93 米 |
| 400 英尺 | 122 米 |
| 5280 英尺（=1英里） | 1.61 千米 |
| 7500 英尺 | 2.29 千米 |
| 9000 英尺 | 2.74 千米 |
| 15840 英尺 | 4.83 千米 |
| 16500 英尺 | 5.03 千米 |
| 21632 英尺 | 6.59 千米 |
| 82160 英尺 | 25.04 千米 |
| 3 英里 | 4.83 千米 |
| 6000 英里 | 9656 千米 |
| 30 英里 | 48.28 千米 |
| 72 英里 | 116 千米 |
| 26280 英里 | 42290 千米 |
| 238900 英里 | 384500 千米 |

## 面积

| 美制 | 公制 |
|---|---|
| 1 平方英尺 | 0.09 平方米 |
| 4 平方英尺 | 0.37 平方米 |
| 16 平方英尺 | 1.49 平方米 |
| 43560 平方英尺 | 4047 平方米 |
| 165279 平方英尺 | 15360 平方米 |
| 0.00592857143 平方英里 | 15360 平方米 |
| 27878400 平方英尺（=1 平方英里） | 2.59 平方千米 |
| 16000000 平方英里 | 41440000 平方千米 |
| 41500000 平方英里 | 107500000 平方千米 |
| 1 英亩 | 4047 平方米 |
| 3.8 英亩 | 15380 平方米 |
| 2300000000 英亩 | 9308000 平方千米 |

## 速度

| 美制 | 公制 |
|---|---|
| 711.3 英尺 / 秒（=42680 英尺 / 分钟） | 216.8 米 / 秒 |
| 10 英里 / 小时 | 16.09 千米 / 小时 |
| 30 英里 / 小时 | 48.28 千米 / 小时 |
| 485 英里 / 小时（=2560800 英尺 / 小时）（=42680 英尺 / 分钟） | 780.5 千米 / 小时（= 13008.86 米 / 分钟） |

# 主要概念

**面积：** 这是对表面大小的测量。为了计算一个矩形的面积，可将其长度乘以宽度。用数学术语表示：$A = w \times l$。面积以平方单位表示，如平方英尺（ft²）、平方英里（mi²），或平方千米（km²）。以下网站提供有计算其他形状面积的公式：

http://www.coolmath.com/reference/areas.

**速度：** 这是对物体运动快慢的测量。为了计算速度，可将距离除以走完该段距离所用的时间。用数学术语表示：$S = d \div t$。速度单位的表示方法是长度单位／时间，例如英里／小时（mph）或米／秒（m/s）。

**体积：** 这是对物体所占空间或容器容量的测量。为了计算一个立方体的体积，可将长度乘以宽度再乘以高度。用数学术语表示为：$V = w \times l \times h$。体积的测量值是用立方单位表示，如立方英尺（ft³）；对于液体体积，体积可以采用液体单位表示，如加仑或升。以下网站提供有计算其他形状物体体积的公式：

http://www.basic-mathematics.com/volume-formulas.html.

# 延伸阅读

## 书 籍

拉塞尔·埃希，《神奇的比较》。纽约：DK 出版社，1999 年。
《不可思议的比较》。纽约：DK 儿童出版社，1996 年。
这两本书都展示了富有启发性的图形、图表和说明，通过等量物体揭示重量、尺寸、高度、速度，或其他的物理特性，例如，大金字塔的重量是自由女神雕像重量的 156 倍。

迈克尔·J.罗森，《60 秒百科全书》。纽约：工人出版社，2005 年。
这是一本 320 页的书，收录了时长为一分钟的各种事物，从节拍和旋转到制造产品，再到食物消化，全部以 60 秒的时间增量进行测量。

大卫·M.施瓦茨，《一百万是多少？》。纽约：罗斯罗普·李＆谢泼德出版社，1985 年。
施瓦茨的这本书以及其他两本同系列的书《如果你赚了一百万》和《数以百万计的测量》—— 充分体现了这位数学魔术师的非凡技能。在朋友和宠物的帮助下，他以幽默、可视化的方式展示了大量令人疑惑的数字概念。例如，一只可以装入一百万条金鱼的大碗足以容纳一头 60 英尺长的鲸鱼。

## 网 站

数学论坛 @Drexel
http://www.mathforum.org/students/
适合各年级水平，德雷克塞尔大学与数学相关的多层面现场特色活动、工具、诀窍，以及参考文献。该网站有一个极具特色的论坛——"问问数学博士"。

宇宙的尺度
http://www.htwins.net/scale/
这是首个"宇宙的尺度"项目网站，可让参观者观察各种尺度，从最小的亚原子细节到生命单位、建筑环境的结构，再到最宏大的太阳系。该网站由凯里和米歇尔·黄创办，提供有关尺度的合成视频，以及众多其他交互式数学和科学视频。